U0321558

海天印迹

一 座 青 岛 地 标 建 筑 的 蜕 变

HAITIAN MEMORY
THE VISUAL STORY OF A LANDMARK IN QINGDAO

编 著

青岛国信发展(集团)有限责任公司

青岛国信海天中心建设有限公司

《时代建筑》杂志社

同济大学 出版社
TONGJI UNIVERSITY PRESS
· 上海 ·

图书在版编目（CIP）数据

海天印迹：一座青岛地标建筑的蜕变 / 青岛国信发
展（集团）有限责任公司, 青岛国信海天中心建设有限公
司,《时代建筑》杂志社编著. -- 上海：同济大学出版
社, 2024.6
ISBN 978-7-5765-1182-6

Ⅰ.①海… Ⅱ.①青… ②青… ③时… Ⅲ.①城市建
筑—介绍—青岛 Ⅳ.①TU984.252.3

中国国家版本馆CIP数据核字(2024)第106031号

青岛国信·海天中心系列图书

海天印迹：一座青岛地标建筑的蜕变
HAITIAN MEMORY: THE VISUAL STORY OF A LANDMARK IN QINGDAO

编　　著　　青岛国信发展（集团）有限责任公司

　　　　　　青岛国信海天中心建设有限公司

　　　　　　《时代建筑》杂志社

责任编辑　　吕　炜　　宋　立

责任校对　　徐春莲

装帧设计　　完　颖

封面设计　　唐思雯

出版发行　　同济大学出版社　www.tongjipress.com

　　　　　　（地址：上海市四平路1239号 邮编：200092 电话：021-65985622）

经　　销　　全国各地新华书店

印　　刷　　上海安枫印务有限公司

开　　本　　889mm×1194mm 1/12

印　　张　　12

字　　数　　300 000

版　　次　　2024年6月第1版

印　　次　　2024年6月第1次印刷

书　　号　　ISBN 978-7-5765-1182-6

定　　价　　369.00元

本书若有印装质量问题，请向本社发行部调换　版权所有　侵权必究

全书图片由青岛国信海天中心及"光影海天·青岛海天中心主题影像作品征集大赛"提供。在图书编辑阶段，部分照片未能找
到拍摄者信息。如有错漏，请通过"海天中心"微信公众号或邮箱（gxzysjyf@qdgxjt.com）联系丛书编委会。

目录

岸·湾·海·天　　© 赵树松

见证 | 海天崛起

从昔日屹立于浮山湾畔的海天大酒店，到今日璀璨夺目的海天中心，"海天"是青岛这座城市发展的里程碑，深深地烙印在青岛人的心中。记者、资深摄影师、热心市民、游客和海天中心的建设者们，用镜头记录下海天的成长与蜕变，每一帧画面都诉说着海天和当代青岛同频共振的发展与崛起。

回望过去，海天大酒店曾是青岛的地标性建筑，它以独特的建筑风格和高雅的气质，吸引了无数游客的目光。那些泛黄的照片，记录了它曾经的辉煌。然而，随着时间的推移，青岛的城市面貌日新月异，海天大酒店退出了城市舞台。为了更好地满足城市发展的需要，海天中心应运而生，成为城市的新名片、新地标。它不仅在外观上焕发出新的光彩，更在内涵上得到了极大的提升。海天中心的设计独具匠心，在功能上实现了多元融合，它集酒店、餐饮、办公、居住、观光、购物于一体，为市民和游客提供了一个全新的消费体验空间。

海天中心的建设过程，充满艰辛与挑战。建设者们凭借着精湛的技术和不懈的努力，将蓝图上的一笔一画都变成了现实。从地基到钢结构，从幕墙到内部装饰，每一个细节都凝聚着他们的心血与智慧。在海天中心建造的六年多时间里，人们纷纷用镜头记录下这一城市地标的诞生过程，以及建设者们奋斗的身影。

从海天大酒店到海天中心，海天的成长与蜕变是青岛城市发展的一个缩影。它不仅见证了青岛的崛起与腾飞，更承载了青岛人的情怀与骄傲。在未来的日子里，相信海天中心将继续书写属于青岛的辉煌篇章，成为这座城市永恒的传奇。

1990 年代的浮山湾

海 天 印 迹

1990 年浮山湾畔新开业的海天大酒店

海 天 印 迹

摩登 1990 年代

清晨的告别　　© 吕建军

告别老海天　　© 何 毅

天天向上　　© 栾少海

海 天 印 迹

建设中的青岛海天中心　　© 陈献民

双臂擎天　　© 杨民修

我在窗前看你长大 　　© 杨民修

日落海天云瀑　　© 王 刚

建设中的海天中心　　© 王 刚

云上日出　© 刘明元

建设海天　　© 何 毅

上下十年 旧貌新颜　　© 姜庆伟

海天一色　　© 刘 斌

　　　　　　　　　海 天 印 迹

直冲云霄　　© 张有平

辉煌时刻　　© 赵海峰

看见 | 海天四季

春日的海天中心，仿佛一幅细腻而动人的水彩画。平流雾从海面弥漫过来，宛如大自然的轻纱，轻轻披覆在建筑之上，为其增添了几分朦胧的美感。雾气缭绕间，中央商务区高楼大厦的轮廓若隐若现，宛如天上宫阙。而海水在雾气的映衬下，更显深邃与广阔，仿佛蕴藏着无尽的奥秘。

夏日的海天中心，则是一幅充满生机与活力的油画。烈日当空，海天一色，蓝得深邃而纯净。海天中心在阳光下熠熠生辉，犹如一艘巨轮，乘风破浪，勇往直前。海面上白帆点点，尽显帆船之都的风采；浅滩上人们嬉水、挖沙，享受着惬意的夏日时光；海鸥在空中盘旋，发出欢快的叫声，为炎炎夏日增添了几分乐趣。

秋冬的海天中心，多了一些宁静和肃穆。秋是斑斓的点彩，冬则是写意的水墨。雪花纷纷扬扬地飘落，将海天中心装点得如童话世界一般。高楼在白雪的映衬下显得更加挺拔而雄伟，海面上的薄雾则为这冬日增添了几分朦胧感与神秘感。

海边的日出和日落，是每一个到访者都不容错过的壮丽景观。清晨的第一缕阳光透过薄雾，缓缓洒在大地上，此时的浮山湾沿岸宛如一座金色的城池，熠熠生辉，在远山的映衬下令人叹为观止。傍晚时分，天边晚霞绚烂，夕阳的余晖洒在海面上，海天一色的美景让人流连忘返。海天中心的轮廓在夕阳的映照下，显得更加优雅而庄重。

无论是春夏秋冬，还是云雾雨雪，海天中心总是能够以其独特的魅力，与城市的四季美景交相辉映，呈现出不同的美感。而摄影师们则通过他们的镜头，捕捉下这些美好的瞬间，让更多的人能够感受到海天中心与城市四季美景的交融之美。

云卷云舒 　 © 李万红

山海天际线　　© 孔令坤

扬帆　© 郭雯璇

　　　　　　海 天 印 迹

蓝天白云映海天　　© 王 华

水上飞　　© 董志刚

海 天 印 迹

帆船之都　　© 张有平

浮山湾天际线　　© 孔令坤

盛夏时光　　© 孙 军

海 天 印 迹

夏季的云上海天　© 吕建军

冬韵　　© 张志辉

雪晨海天　　© 董志刚

雪晨　　© 李其德

海滨冬韵　　© 王馥琳

拨开迷雾见海天　　© 杨 杰

　　　　　　　海 天 印 迹

云萦海天　　© 滕燕生

平流雾中的海天　　© 吕建军

　　　　　　　　　海 天 印 迹

海天城雾海 　　© 凌 丽

云海之上　　© 刘明元

　　　　　　　海 天 印 迹

海天观日　　© 王景云

晨曦映海天　　© 刘明元

岸·湾·海·天　©赵树松

雷电淬炼　　© 杨民修

剪影城市　　© 张春雨

日落海天　　© 姚 鹏

云 · 山 · 海天　　© 周 健

视角 | 海天建筑

建筑是一门独特的造型艺术，一项精湛的营造技艺，更是一部无言的城市史诗，它记录了时代的变迁，承载着文化的传承，见证着城市的发展。海天中心以其独特的造型艺术"海之韵"成为摄影师镜头下的宠儿，摄影师凭借独特的视角和专业的技巧，敏锐地捕捉到海天中心建筑独特之美。

从海岸边望向海天中心，人们能感受到人与自然的和谐共生。海浪轻轻拍打着岸边，悦耳的声音仿佛是大自然的低语。人类在这片土地上建造了家园，与海洋互相依存，永续发展。

从老城望向海天中心，仿佛在阅读一部历史与未来交错的史诗。老城承载着厚重的历史底蕴，一砖一瓦都诉说着过往的辉煌与沧桑。而海天中心是未来的象征，它引领城市走向明天，充满了无限的可能与希望。历史与当下同框，令人赞叹青岛这座城市的丰富与厚重。

从空中俯瞰海天中心，人们更能感受到工程奇迹的伟大与人类的渺小。高耸入云的摩天大楼是人类对自然的挑战与征服，然而在这些人造的奇观面前，大自然依然显得辽阔、深邃，让人更加珍惜和热爱这片土地。

每当夜幕降临，华灯初上，海天中心的灯光勾勒出"海之韵"的轮廓，与青岛的夜景交相辉映，塔冠的穹顶成为镶嵌在城市顶端的一颗璀璨明珠。

在摄影师的镜头下，建筑仿佛被赋予了生命和灵魂。人们在感受建筑的韵律和张力的同时，也深深体会到其中承载的文化内涵和历史价值，更加深入地了解和体会到青岛这座城市的魅力。

山湾之巅，唯有海天　　© 王景云

　　　　　　海　天　印　迹

西海岸新区看云上海天　　© 吕建军

　　　　　　　　　　　海 天 印 迹

山海明月城如画　　© 王馥琳

远眺海天　　© 张有平

向云端，观海天，瞰青岛　　© 王景云

俯瞰海天　© 杨雪梅

海天之间一个家　　© 韩凯杰

华灯初上　　© 王 刚

海天中心景观　© 王 刚

华灯初上　　◎ 杨力杰

　　　　　　　　　海　天　印　迹

半岛夜色　　© 焦瑞清

惊涛拍岸   © 赵树松

古今同框　© 姚 鹏

　　　　　　　　　海 天 印 迹

传承　　© 修相科

海 天 印 迹

暮色中的新厦与古寺　　© 杨雪梅

天空之城　　© 王泽东

　　　　　　　　海 天 印 迹

青岛之窗　　© 王泽东

海天之窗　　© 杨雪梅

蓝雾海天　　© 杨雪梅

冲上云霄　　© 王泽东

璀璨海天　　© 张志辉

空中楼阁　　© 邢钧皓

梦境　　© 邢钧皓

城市之巅　　◎ 刘明元

　　　　　　　　　　　　海 天 印 迹

雾中海天　　© 王 华

海 天 印 迹

视野 | 海天远眺

你 站 在 桥 上 看 风 景 ，

看 风 景 人 在 楼 上 看 你 。

明 月 装 饰 了 你 的 窗 子 ，

你 装 饰 了 别 人 的 梦 。

——卞之琳《断章》

海天中心不仅是一座地标建筑，更为人们提供了观察青岛这座城市的绝佳视野。无论是白天的繁华喧嚣，还是夜晚的宁静安详，每个人都能在这里找到属于自己的乐趣和美。在海天中心的任何一个角落，都能感受到建筑与城市的同频脉动，这份独特的魅力让人流连忘返。

写字楼的玻璃幕墙隐隐透出忙碌的身影，是一幅欣欣向荣的城市风景，而对于在写字楼里工作的人来说，窗外的海阔天空总是能带来勇气和信心。酒店是舒适的港湾，公馆是温馨的家园，无论商旅还是居住在此，都能同时品味海的静谧和城市的繁华，一边感受城市的脉搏，一边享受心灵的宁静与安逸。海天 MALL 的热闹气息从大厦溢出，各色店铺和川流的人潮，为城市增添了跃动的色彩。

站在海天中心 369 米观光厅的全玻璃观景台前，城市的美景尽收眼底。西面是红瓦绿树的老城区，东面是日新月异的 CBD，奥帆灯塔、五四广场、信号山……这些闻名遐迩的景观，从高空望去又给人以全新的感受。黄昏时分，金色的余晖洒满整个城市，也让地平线显得格外辽阔。夜幕降临，万家灯火在夜色中闪烁，如同一颗颗夜明珠镶嵌在大地。远处的海面上，航船的信号灯若隐若现，仿佛打量着这座繁华的城市。

因此，海天中心不仅仅是一座建筑，更是青岛这座城市的精神象征。它见证了青岛的繁荣与发展，也见证了无数人的梦想与追求。在这里，每一个人都可以找到自己的位置，感受到青岛这座城市的脉搏与温度。

观景的景　　© 姜 虹

海 天 印 迹

海天远眺 美景如画　　© 董志刚

海天倒影　　© 董志刚

海天保洁　　© 刘 斌

海天之间的守护　　© 王映霞

海 天 印 迹

梦想启程　　© 赵贝林

视野 · 海天远眺　　© 王德荣

品味 | 海天故事

海天，承载着青岛人的情怀，见证着这座城市的繁华与辉煌。而相机记录下海天的每一个美好瞬间，都让人反复回味。

二十年前，老海天大酒店是青岛最"洋气"的社交场所之一。还记得那年圣诞夜，酒店外籍员工理查德扮演圣诞老人，为孩子们带来惊喜和欢笑，至今依然令人感到温馨。

二十年后，蝶变归来的海天中心更是一座名副其实的城市会客厅，它汇集七大业态，吸引了无数市民和游客前来探访。海天大酒店大堂内人头攒动，喷泉奔涌不息，迎接着远道而来的客人。全日餐厅的美景和美食让人流连忘返。一对新人在屋顶花园举办婚礼，在海天之间定格庄严和浪漫的时刻。新娘的婚纱拖曳在瑞吉酒店华丽的大台阶上，仿佛置身于童话世界。在商场，各种品牌店铺琳琅满目，如同戏剧舞台一般变换着布景，每次逛街都能发现新的惊喜。面朝大海的书店，散发着极致的文艺气息，在这里，你可以一边品味咖啡散发的香气，一边沉浸在书的世界里。在城市观光厅，游客小心翼翼地踏上玻璃地板，试炼着自己的胆量，感受肾上腺素飙升的快意。元旦之际，在海天中心主塔楼举办的"垂直马拉松"比赛是一场别出心裁的全民健身运动大会，也有着为新的一年博个好彩头的意义……

从海天大酒店到海天中心，我们见证了青岛这座城市的变迁和发展，也见证了人们生活的点滴和情感的交织。在海天，每一个人都能找到属于自己的故事和感动。

海天圣诞夜 2004　　© 何 毅

海天音乐会 2024   © 董志刚

建设青岛最高度　　© 董志刚

岛城之最　　© 刘 斌

守护海天

工地过大年

我们十岁了　　© 徐 风

　　　　　　　　　海 天 印 迹

"鸥"遇海天　　© 毛 萍

酒店大堂很热闹　　© 李春升

全日餐厅　　© 李春升

为你摘下一朵云　　ⓒ 苗 玮

艺术殿堂　　© 李春升

寻味海天　　© 姜锋梅

　　　　　　　海　天　印　迹

夜宴

梦中的婚礼

海 天 印 迹

品味　海天故事

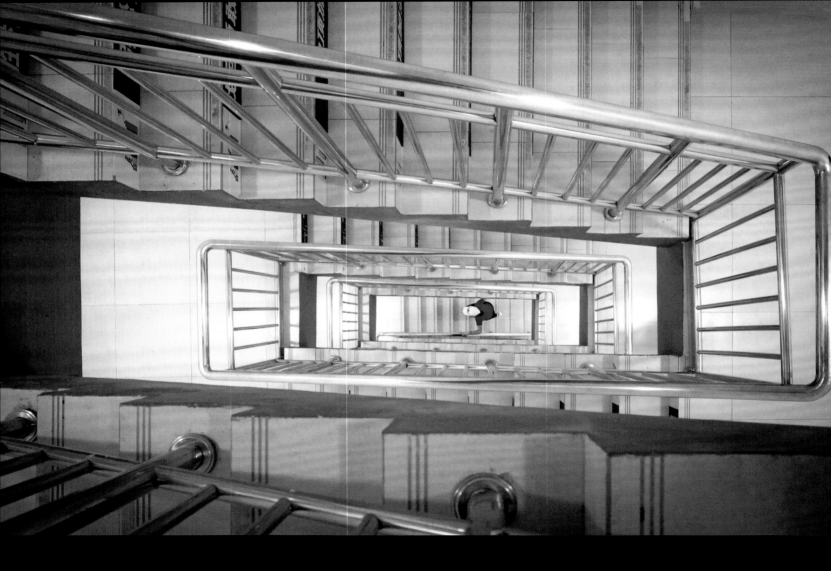

撸起裤管加油爬　　© 苗 玮

冲过终点线　　© 苗 玮

书店风景　　© 于春晓

　　　　　　　　　海 天 印 迹

书店

执子之手　　© 王映霞

夕阳独钓　　© 赵树松

日出泛舟　　© 赵树松

定 格 | 海天艺象

在摄影的世界里，创新与创意如同一对翅膀，为摄影师提供了飞翔的动力。他们不满足于简单地记录眼前的风景，而是期望在每一幅作品中融入自己独特的思考和表达。摄影不仅需要精湛的技术，更需要一颗敏锐的心。

摄影师利用色彩调整、光影处理等手段，将海天风景渲染得更加唯美动人。天空变得更加绚丽，海水变得更加深邃，细微的调整让每一张照片都充满了独特的韵味。

除此之外，创作者会在照片中加入一些抽象的线条或图案，与海天风景形成鲜明的对比；或是利用特殊的拍摄手法，将海天风景与自然、人物融合在一起，创造出一种全新的视觉效果。

正是这些多样化的手段和创新思维，让摄影作品不只是记录摄影师眼前所见，而是成为一种独特的艺术表达形式，突破传统摄影摄像技术框架，呈现不一样的海天风景，触动人们的心灵。

魅夜海天　© 王 刚

急流上的海天　　◎ 王 刚

月夜海天 　　© 周 健

光影自拍　◎姚 鹏

梦幻暮色　　© 马美华

海天色彩　　© 杨雪梅

陶展

仰望 © 薛 瑞